ATLAS

DE TOUTES LES ÉTOILES

VISIBLES A L'ŒIL NU,

FORMÉ D'APRÈS L'OBSERVATION DIRECTE,

DANS LES DEUX HÉMISPHÈRES,

PAR

J.-C. HOUZEAU,

DIRECTEUR DE L'OBSERVATOIRE DE BRUXELLES.

MONS,

HECTOR MANCEAUX, IMPRIMEUR-ÉDITEUR.

1878.

INTRODUCTION.

Les cinq cartes qui composent cet Atlas présentent toutes les étoiles qu'un homme, ayant une vue ordinaire, peut apercevoir à l'œil nu, dans l'étendue entière de la sphère céleste. Le nombre de ces étoiles est loin d'être aussi considérable qu'on serait porté d'abord à l'estimer. Il ne s'élève pas tout à fait à six mille, en sorte qu'on n'en aperçoit jamais, à la vue simple, plus de trois mille à la fois.

Ce qui fait naître l'idée d'un nombre immense, c'est la difficulté de compter les étoiles, par suite du désordre apparent qui règne dans leur distribution. Aussi Descartes a-t-il appelé le ciel étoilé « le plus grand exemple de la variété dans l'univers ». Les configurations des astres offrent, en effet, la diversité la plus frappante. Toutes les figures de la géométrie, la ligne, le triangle, le quadrilatère, le pentagone, les polygones étoilés, se présentent tour à tour, sous des formes plus ou moins irrégulières, mais sans cesse variées. On se familiarise pourtant fort vite avec le dessin particulier des principales constellations.

Nous avons tracé sur nos cartes certaines figures géométriques, que l'on forme en joignant deux à deux par des droites les étoiles les plus brillantes de chaque groupe. Ces figures faciliteront grandement la recherche des astérismes. Elles en graveront l'image dans la mémoire, lorsqu'on aura reconnu les constellations au ciel.

Nous présenterons ci-après une description sommaire des groupes les plus importants. Nous croyons nécessaire de donner d'abord quelques indications sur la construction des cartes.

Nous avons représenté la sphère céleste en cinq planches. Deux de celles-ci sont consacrées aux calottes polaires; elles sont circulaires (planches I et V). Les trois autres planches sont rectangulaires, et figurent chacune une portion de la zone équatoriale, jusqu'à 50° au Nord et au Sud. Ces trois cartes (planches II, III et IV) pourraient être assemblées bout à bout, et représenteraient alors, sous la forme d'une longue bande, la ceinture de l'équateur.

Les distances angulaires des étoiles à l'équateur, que les astronomes appellent leurs déclinaisons, vont en croissant de 0° à 90°, tant au Nord qu'au Sud, et sont marquées par des parallèles tracés de 5° en 5°.

Les chiffres qu'on voit écrits autour des cartes circulaires, ainsi qu'en haut et en bas des cadres rectangulaires, sont les ascensions droites en temps. Celles-ci constituent une division de la sphère en 24 heures, appelées heures sidérales. Ces heures ne correspondent aux heures solaires qu'une seule fois dans l'année, à l'instant de l'équinoxe du printemps. Les ascensions droites n'expriment donc pas les heures civiles auxquelles les étoiles passent au méridien. C'est une sorte d'échelle particulière, d'où l'on conclura simplement la distance mutuelle des étoiles, ou le temps qui s'écoule entre les passages respectifs de deux astres au méridien.

Depuis l'antiquité on divise les étoiles, sous le rapport de l'éclat, en six classes ou grandeurs, dont les signes sont figurés au coin de chaque planche. Nous avons même indiqué les demi-grandeurs. Dans ce cas, le signe figuratif de l'étoile est resté le même, mais le petit cercle blanc placé au centre lorsqu'il s'agit de la grandeur entière, a été supprimé quand on a voulu désigner la demi-grandeur immédiatement inférieure.

Les noms des constellations sont donnés en latin et au génitif. Nous avons adopté cette marche à cause de l'usage des astronomes de se servir de la nomenclature latine. Nous rapporterons les noms français dans la description qui suit.

Les étoiles individuelles sont désignées soit par des lettres grecques, soit par des lettres latines, soit enfin par des numéros. Presque toutes les étoiles brillantes ont des lettres grecques. Ainsi α Ursae majoris, ou *alpha* de la Grande Ourse, est l'étoile la plus belle de cette constellation.

La Voie Lactée et les Nébuleuses visibles à l'œil nu sont imprimées en bleu. Il y a cinq degrés dans la teinte, qui caractérisent les degrés d'éclat. La couleur la plus foncée désigne l'éclat le plus vif.

DESCRIPTION.

PLANCHE I.

Celui qui désire connaître les constellations doit choisir, pour ses premières recherches, une nuit bien découverte, qui lui permette d'apercevoir l'hémisphère étoilé à peu près dans son entier. Il se tournera du côté du Nord, et tâchera de reconnaître la Grande Ourse *(Ursae majoris)*, qui lui servira de point de départ pour trouver, avec plus de facilité, toutes les autres constellations. Supposons qu'il opère à 10 heures du soir. Plaçant la planche I devant lui, et faisant face, comme nous l'avons dit, vers le Nord, il tournera l'atlas de manière à amener en bas

le chiffre 18 quand on est en janvier,

»	20	»	»	février,
»	22	»	»	mars,
»	0	»	»	avril,
»	2	»	»	mai,
»	4	»	»	juin,
»	6	»	»	juillet,
»	8	»	»	août,
»	10	»	»	septembre,
»	12	»	»	octobre,
»	14	»	»	novembre,
»	16	»	»	décembre.

La carte représentera, dans cette position, la région polaire du ciel à 10 heures du soir. Avant ou après cette heure, il faudrait retrancher ou ajouter autant d'heures qu'on serait distant de 10 heures, et tourner l'atlas d'autant.

La planche étant ainsi orientée, on y cherchera la figure de la Grande Ourse, c'est-à-dire les sept étoiles brillantes reliées entre elles par des droites, et formant le quadrilatère $\alpha\beta\gamma\delta$, et la « queue » $\delta\epsilon\zeta\eta$.

Si, dans la position qu'on a donnée à l'atlas, selon la date, la Grande Ourse est tout en bas, on cherchera cette constellation dans le voisinage de l'horizon nord, tandis que si elle est en haut, on regardera presque au-dessus de la tête. Si la Grande Ourse est vers la droite de la carte, on cherchera un peu à l'Est; si elle est vers la gauche, on examinera le ciel dans la direction de l'Ouest. Une fois qu'on aura reconnu cette belle constellation, on ne manquera jamais de l'apercevoir, chaque fois qu'on jettera les yeux sur le ciel boréal.

Indépendamment du quadrilatère et de la queue, on range dans la Grande Ourse les pieds χ, ψ, μ, λ, et la tête, qui forme un arc de grande dimension, $o\,h\,\varphi\,\theta\,l$.

PETITE OURSE *(Ursae minoris)*. — Si l'on prolonge la droite $\beta\alpha$ de la Grande Ourse, formée par le côté du quadrilatère opposé à la queue, côté dit « des gardes », on arrive à une étoile de 2° à 3° grandeur, qui seule atteint cet éclat dans la région centrale de la carte. C'est α de la Petite Ourse, l'étoile polaire. De là on trouve facilement la Petite Ourse tout entière, dont les sept étoiles reproduisent sur une moindre échelle, et avec un moindre éclat, la figure de la Grande Ourse. Seulement, il faut remarquer que ces deux constellations sont tournées en sens opposé, c'est-à-dire que leurs situations sont inverses, quelle que soit la position de la sphère étoilée. Lorsque la queue de la Grande Ourse monte, celle de la Petite Ourse descend; lorsque la queue de la Grande Ourse est dirigée vers la droite, celle de la Petite Ourse s'étend vers la gauche, et réciproquement.

DRAGON *(Draconis)*. — Entre la Grande et la Petite Ourse passe la queue du Dragon, qui se compose des étoiles $\lambda\chi\alpha\iota\theta\eta\zeta$, et qui, après de grandes sinuosités, aboutit à la tête, formée du quadrilatère $\xi\nu\beta\gamma$.

CASSIOPÉE *(Cassiopae)*. — Cassiopée, ou la Chaise, est placée symétriquement à la Grande Ourse par rapport à l'étoile polaire. C'est un quadrilatère $\alpha\beta\chi\gamma$, d'où part une ligne brisée $\gamma\delta\epsilon l$, qui forme le dossier de la chaise.

CÉPHÉE *(Cephei)*. — Entre Cassiopée et la Petite Ourse, ou plutôt entre Cassiopée et les principaux replis du corps du Dragon, on trouve un arc formé de trois étoiles tertiaires, légèrement convexe vers la queue de la Petite Ourse. C'est l'arc de Céphée.

PERSÉE *(Persei)*. — Enfin, de l'autre côté de Cassiopée par rapport à Céphée, une étoile de seconde grandeur, entourée de plusieurs tertiaires, marque la constellation de Persée.

Les autres astérismes figurés sur la planche I n'ont rien de bien remarquable; il suffira de la carte pour en reconnaître la position.

PLANCHE II.

PÉGASE et ANDROMÈDE *(Pegasi et Andromedae)*. — De la brillante de Persée part une file de belles étoiles largement espacées, $\gamma\beta\alpha$ Andromedae. Cette dernière forme l'un des angles d'un grand carré de belles étoiles, désigné sous le nom de carré de Pégase. On n'en voit qu'une moitié sur notre planche II; mais le carré tout entier est figuré à l'extrémité gauche de la planche IV.

POISSONS *(Piscium)*. — Andromède est au-dessus des Poissons, qui forment deux files sinueuses de petites étoiles, jointes par la quartaire α, qu'on appelle le nœud des Poissons.

BALEINE *(Ceti)*. — Sous les Poissons on voit une espèce de trapèze, dont un des angles est formé par deux quartaires très rapprochées. On le nomme la Baleine; il n'est pas très apparent. Un autre quadrilatère, $\alpha\mu\xi_2\gamma$, plus brillant, placé à l'est du nœud des Poissons, appartient à la même constellation.

BÉLIER *(Arietis)*. — Le Bélier est très reconnaissable, également sous Andromède. C'est comme un doigt, $\alpha\beta\gamma$, dont la phalange extrême est à demi-pliée.

TAUREAU *(Tauri)*. — Le Taureau a la figure d'un Y, marquée par les étoiles $\alpha\epsilon\gamma\lambda$. Il est accompagné des Pléïades, ce groupe de petites étoiles fort rapprochées que tout le monde a observé, et qui se compose de l'étoile η et de celles qui l'entourent.

COCHER *(Aurigae)*. — Un peu à gauche du Taureau se voient deux belles constellations. L'une au Nord est le Cocher; l'autre au Sud et, par conséquent, plus bas est Orion. Le Cocher forme un grand pentagone, dont l'étoile supérieure α est la plus belle. Cette étoile est appelée la Chèvre *(Capella)*, et l'on voit auprès d'elle le petit triangle des Chevreaux.

ORION *(Orionis)*. — Orion est un quadrilatère allongé du Nord au Sud, formé d'étoiles de première à seconde grandeur. Mais ce qui le fait surtout reconnaître, c'est une file oblique de trois belles étoiles, vulgairement connues sous le nom des « trois Rois », presque au milieu du quadrilatère.

GRAND CHIEN *(Canis majoris)*. — Plus bas qu'Orion, un autre quadrilatère, placé semblablement, mais plus ouvert à la base, porte le nom du Grand Chien. L'angle supérieur oriental est α ou *Sirius*, la plus belle des étoiles fixes, à laquelle tant de souvenirs historiques se rattachent.

GÉMEAUX *(Geminorum)*. — En remontant vers le Nord, une longue figure, $\alpha\epsilon\mu\gamma\delta\beta$, représente le corps des Gémeaux ou jumeaux; α et β sont les têtes, nommées quelquefois Castor et Pollux; $\mu\nu\gamma\xi$ sont les pieds.

PLANCHE III.

CANCER *(Cancri)*. — La constellation du Cancer n'a rien de bien remarquable, si ce n'est la nébuleuse formée de petites étoiles, un peu à l'orient de γ et δ de cette constellation.

Lion *(Leonis)*. — Le Lion est figuré par un grand et beau trapèze, $\alpha\gamma\delta\beta$, auquel se joint un autre trapèze plus petit et moins apparent, $\gamma\epsilon\mu\zeta$, que l'on nomme la tête. L'étoile α est le cœur, β est la queue. On appelle aussi α Régulus, parce qu'elle réglait, pour les anciens, les mouvements célestes.

Hydre *(Hydrae)*, Coupe *(Crateris)* et Corbeau *(Corvi)*. — L'Hydre est la constellation la plus étendue du ciel. Sa tête, $\eta\sigma\delta\epsilon$, est sous le Cancer et ses replis s'étendent de là par une file ininterrompue d'étoiles jusqu'au-dessous de la Balance. Elle porte, dans ce parcours, la Coupe, qui est de forme semicirculaire, ainsi qu'on le voit sur la carte, et le Corbeau, quadrilatère assez brillant lorsqu'il n'est pas trop bas sur l'horizon.

Vierge *(Virginis)*. — A gauche du Lion et un peu plus bas se développe la Vierge. On y trouve d'abord ce qu'on appelle le V. Il est formé de cinq étoiles, $\epsilon\delta\gamma\eta\beta$. Un peu plus loin, et moins haut sur l'horizon, on distingue une étoile de première à seconde grandeur, α Virginis, aussi nommée l'Épi *(Spica)*. Enfin, à l'extrême gauche, est un arc irrégulier de cinq étoiles, $\tau\varphi\iota\kappa\lambda$.

Balance *(Librae)*. — La Balance se compose d'un carré, $\beta\alpha_2\iota_2\gamma$, qui n'a rien de fort remarquable. C'est le Plateau, dans les anciennes représentations grecques et arabes.

Bouvier *(Bootis)*. — Le Bouvier est formé d'un pentagone assez brillant, au-dessus de la Vierge et de la Balance. L'un des côtés, $\delta\epsilon$, va, en se prolongeant, atteindre une étoile de première grandeur, α, *Arcturus*. Le nom Arcturus veut dire queue de l'Ourse, parce qu'en prolongeant le dernier segment de la queue de la Grande Ourse, on est conduit à cette primaire.

Couronne boréale *(Coronae borealis)*. — Cette constellation, à gauche du Bouvier, est formée d'étoiles qui ne sont pas fort brillantes, mais qui dessinent un demi-cercle facile à remarquer.

PLANCHE IV.

Serpent *(Serpentis)*. — A côté de la Couronne, on remarque une espèce de V irrégulier, $\beta\kappa$, $\beta\kappa\pi$, dont la majeure partie compose la tête du Serpent. Le corps se déroule ensuite au-dessous et à travers Ophiuchus, par la ligne sinueuse $\epsilon\delta\epsilon\nu\zeta\eta\nu\xi\nu\tau\zeta\eta$, et se termine à la dernière de la queue, θ.

Hercule *(Herculis)* et Ophiuchus *(Ophiuchi)*. — Au-dessus de la tête du Serpent est le quadrilatère d'Hercule, $\pi\eta\zeta\epsilon$, dont la diagonale prolongée vient se joindre au trapèze d'Ophiuchus, $\alpha\alpha\kappa\beta$.

Lyre *(Lyrae)* et Cygne *(Cygni)*. — La Lyre est à l'orient d'Hercule. On la distingue à un petit triangle d'étoiles de 3e ou de 3e à 4e grandeur, $\delta\beta\gamma$. Un peu au-delà de la pointe supérieure du triangle, se trouve la brillante primaire α Lyrae ou *Wéga*, dont le nom arabe veut dire l'oiseau volant, par opposition à l'Aigle, qui était l'oiseau descendant ou tombant. Le Cygne forme une très grande croix, $\alpha\epsilon\gamma\delta\beta$, appelée quelquefois la Croix du nord, au sud de l'arc de Céphée.

Aigle *(Aquilae)*. — Au midi du Cygne on rencontre les petites constellations de la Flèche *(Sagittae)*, du Dauphin *(Delphini)*, petit losange de quartiers fort reconnaissable, et du Petit Cheval *(Equulei)*, trapèze également caractéristique. Puis on arrive à l'Aigle, marqué par une file de trois étoiles, dont la médiane, α, *Altaïr*, est la plus brillante. Plus bas, l'Aigle contient encore un quadrilatère, $\theta\eta\epsilon\lambda\kappa$.

Scorpion *(Scorpii)*. — Le Scorpion est une des plus belles constellations de la sphère; mais en Europe on ne l'aperçoit guère que dans les brumes. Il se compose d'abord de la tête, formant un arc, $\beta\delta\pi\rho$, puis du cœur, α, *Antarès* (l'anti-Mars, parce qu'il est rouge comme Mars), et enfin de la queue recourbée, $\epsilon\mu_1\mu_2\zeta\eta\theta l_2\kappa$, et de la pince, $\lambda\upsilon$.

Sagittaire *(Sagittarii)*. — La tête est figurée par un groupe de petites étoiles dont ξ_2 est la principale; le corps forme une sorte de trapèze, $\tau\sigma\varphi\zeta$; l'arc et la flèche sont bien représentés, le premier par $\lambda\epsilon\epsilon$, la seconde par $\varphi\sigma\gamma_2$.

Capricorne *(Capricorni)*. — Une étoile double très remarquable, α_1, et α_2, dont les deux éléments sont séparés à la vue simple. Au-dessous, une tertiaire, β.

Verseau *(Aquarii)*. — De la double du Capricorne part une ligne à peu près droite, $\alpha_1\epsilon\mu\beta$, qui aboutit à la pointe d'un triangle fort allongé, $\beta\alpha\gamma$. De cette dernière descend une file très sinueuse d'étoiles, parmi lesquelles il y en a de doubles et de triples. Ces dernières sont ψ et ω.

PLANCHE V.

Les étoiles figurées sur cette planche sont toutes invisibles dans l'Europe moyenne.

Éridan *(Eridani)*. — La constellation par laquelle le ciel de nos contrées se rattache au ciel austral est celle de l'Éridan. Elle commence à la base du rectangle d'Orion (planche II), et forme une immense file d'étoiles qui s'étend d'abord vers l'Ouest. Cette file reprend plus bas aux étoiles 15 et 16 Eridani, puis après plusieurs inflexions et un long parcours, vient aboutir à la primaire α, *Achernar*, ou la Source.

Hydre mâle *(Hydri)*. — L'Hydre mâle continue cette file d'étoiles au-delà d'Achernar, et finit par former un crochet, $\delta\gamma\beta$, non loin du pôle austral.

Navire *(Navis)*. — La figure principale est un grand trapèze, $\epsilon\delta\gamma\chi\epsilon$, auquel est attachée la ligne brisé $\epsilon\nu\beta$ qui se termine à une secondaire. Mais la plus belle étoile du Navire est située à l'ouest du trapèze, à l'extrémité d'une file assez lâche de petites étoiles. C'est α, *Canopus*, la plus brillante des étoiles fixes après Sirius.

Dorade *(Doradus)*. — Une simple file d'étoiles peu remarquable.

Centaure *(Centauri)*. — Ici commence la région la plus riche du ciel austral. Le Centaure forme d'une part un V très ouvert, $\gamma\epsilon\zeta$, accompagné d'ailes qui l'étendent, $\gamma\sigma\delta$ et $\zeta\eta\kappa$; d'autre part, il a pour base les deux belles étoiles α et β.

Croix du sud *(Crucis)*. — De petite dimension, mais remarquable par l'éclat de ses étoiles, $\alpha\beta\gamma\delta$.

Loup *(Lupi)*. — Cette constellation fait un grand effet, par la réunion dans un espace peu étendu d'un grand nombre d'étoiles tertiaires. C'est une espèce de bouquet. Elle s'approche du Scorpion; or, depuis le Scorpion jusqu'à la Croix du sud, en passant par le Loup et le Centaure, le ciel austral a un éclat et une richesse en étoiles des ordres supérieurs, qui ne se rencontrent au même degré dans aucune autre partie de la sphère.

Autel *(Arae)*. — Un assez beau quadrilatère, $\beta\epsilon\eta\delta$.

Couronne australe *(Coronae australis)*. — Elle ressemble à la Couronne boréale, mais elle est composée d'étoiles moins brillantes, qui ne font pas grande impression.

Paon *(Pavonis)*. — Petites étoiles assez nombreuses, de configuration confuse; une seule étoile, α, de 2e à 3e grandeur.

Grue *(Gruis)* et Toucan *(Tucanae)*. — Ces deux constellations prises ensemble présentent une file d'étoiles, ayant la figure d'une S peu arrondie. A peu près au centre de l'arc supérieur est une secondaire, α, Gruis.

Octant *(Octantis)*. — Près du pôle austral, il n'y a pas de constellation remarquable. La polaire antarctique appartient à l'Octant; elle n'est que de 6e à 7e grandeur.

On n'a pas porté les planètes sur les cartes, parce que leurs positions par rapport aux étoiles varient sans cesse; on pourra les inscrire, pour un jour donné, en prenant, dans les *Éphémérides astronomiques*, leur ascension droite et leur déclinaison.

Grandeurs des Étoiles.
Pl. I.

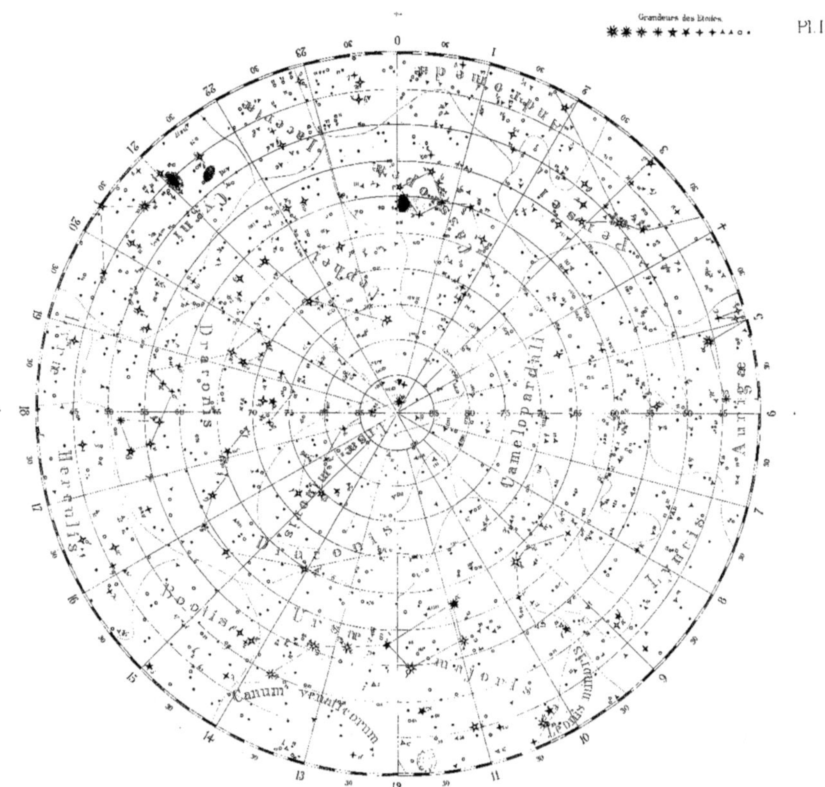
Cygni
Cephei
Cassiopée
Persei
Camelopardalis
Aurigae
Lyrae
Herculis
Draconis
Ursae
Bootis
Canum venaticorum
Andromède
Lacerta
Lyncis

Grandeurs des Étoiles.
Pl. II.
Lyncis
Aurigæ
Cassiopæae
Andromedæ
Geminorum
Trianguli
Arietis
Pegasi
Tauri
Piscium
Orionis
Ceti
Canis minoris
Monocerotis
Ceti
Aquarii
Canis majoris
Leporis
Eridani
Columbæ
Cæli sculptorii
Fornacis
Apparatus sculptoris
Phœnicis
Horologii
Eridani
Equulej Pictoris

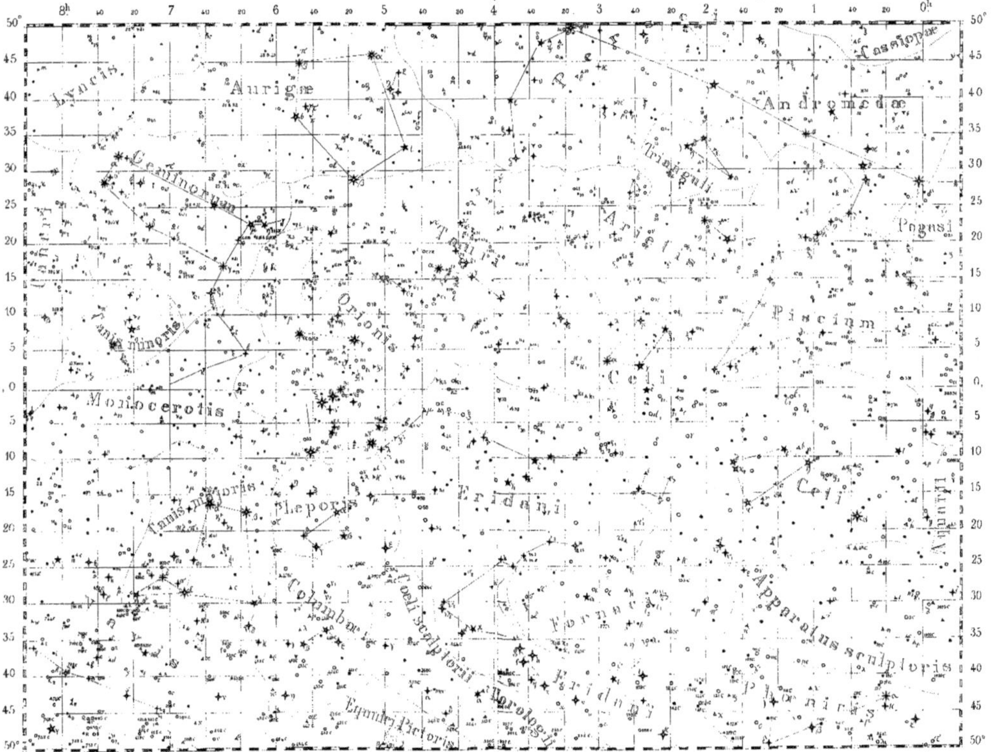

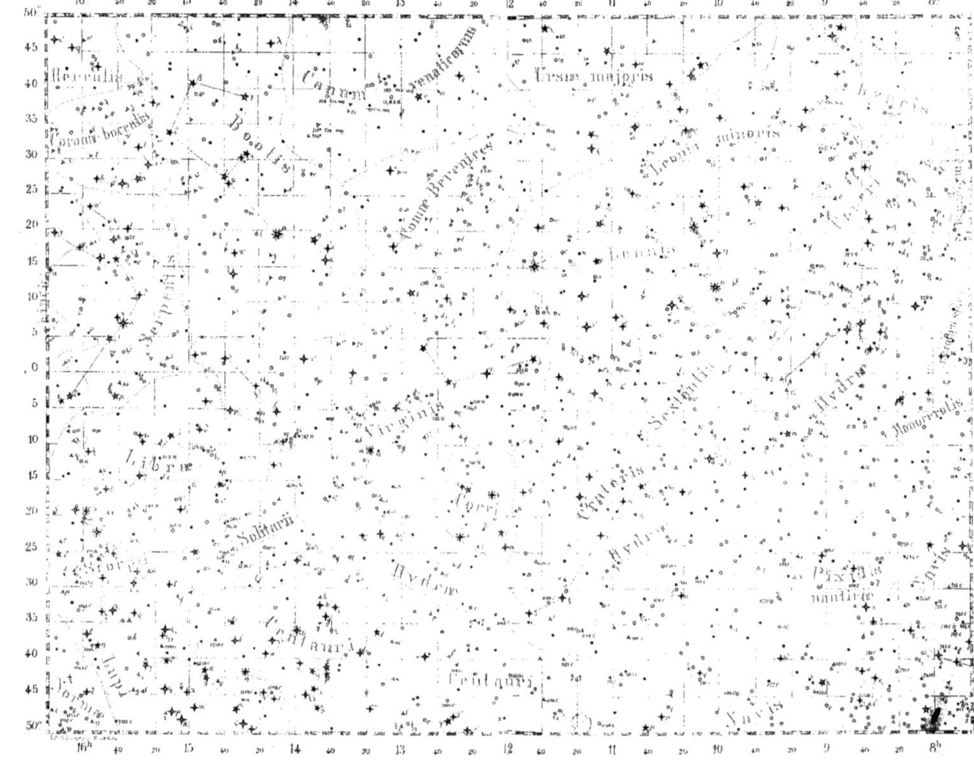
Grandeurs des Étoiles.
Pl. III.
Herculis
Coronæ borealis
Bootis
Canum Venaticorum
Ursæ majoris
Comæ Berenices
Leonis minoris
Leonis
Serpentis
Virginis
Sextantis
Hydræ
Monocerotis
Libræ
Corvi
Crateris
Hydræ
Centauri
Centauri
Lupi
Pyxis nautica
Antlia
Navis

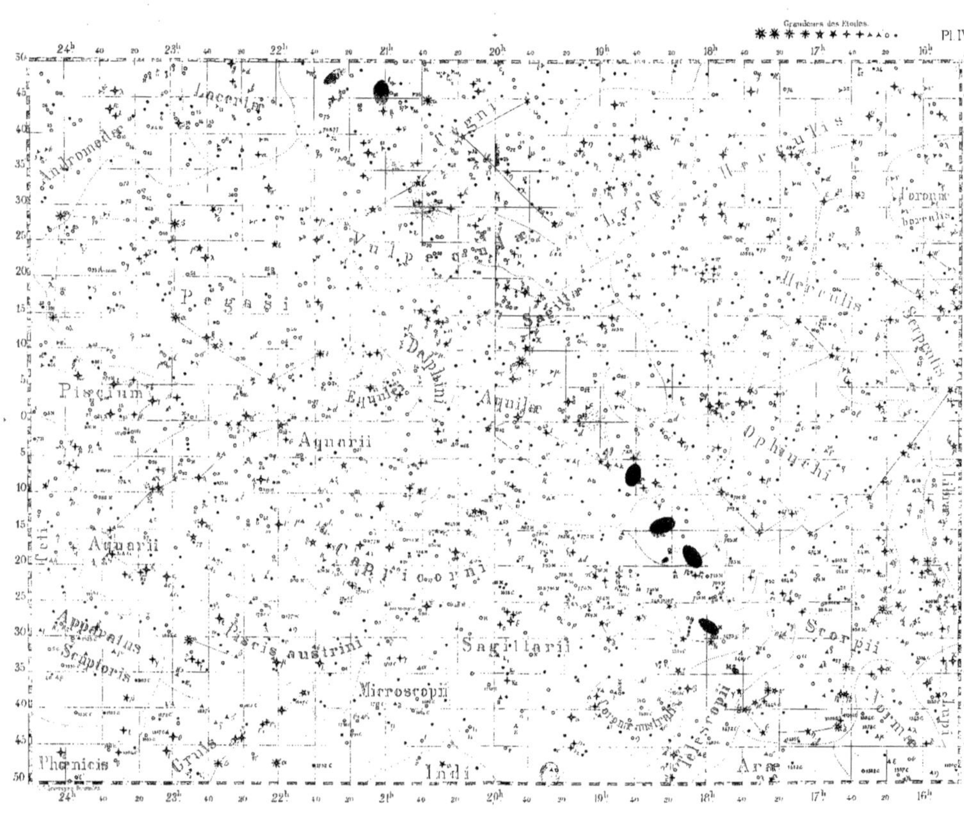

Grandeurs des Étoiles.
Pl. IV.
Andromedæ
Lacertæ
Cygni
Herculis
Pegasi
Vulpeculæ
Lyræ
Sagittæ
Coronæ borealis
Delphini
Herculis
Piscium
Equulei
Aquilæ
Serpentis
Aquarii
Ophiuchi
Aquarii
Libræ
Capricorni
Piscis austrini
Scorpii
Apparatus
Sculptoris
Sagittarii
Lupi
Microscopii
Corona australis
Normæ
Telescopii
Phœnicis
Gruis
Indi
Aræ

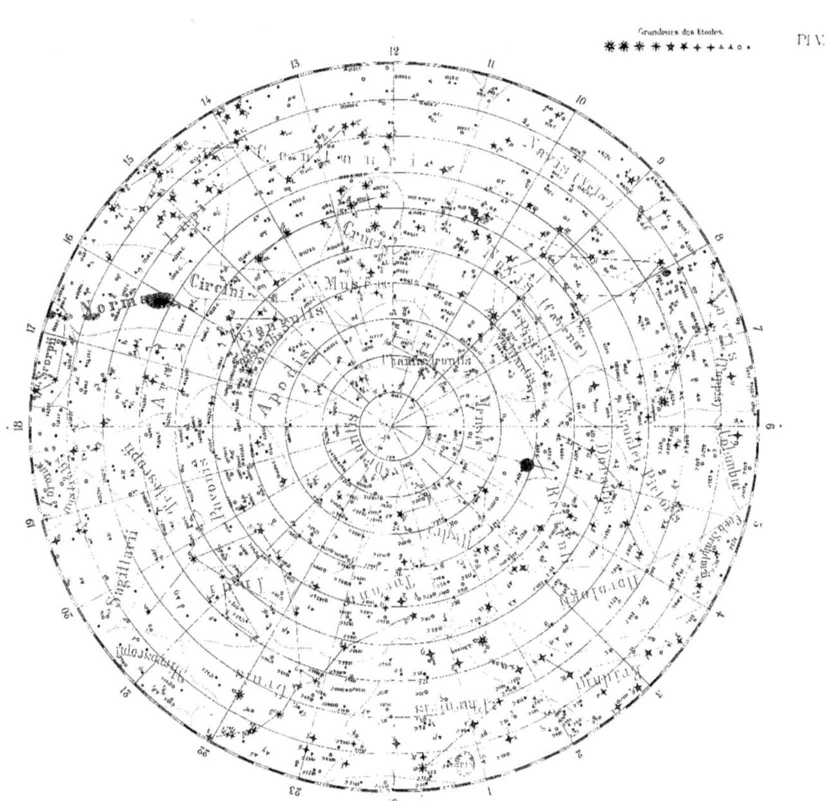

Grandeurs des Etoiles.
Pl V.
Centauri
Gruis
Muscæ
Circini
Norma
Apodis
Triangulum Australe
Pavonis
Octantis
Chamæleontis
Volantis
Carinæ
Doradus
Hydri
Reticuli
Pictoris
Columbæ
Horologii
Eridani
Phœnicis
Tucanæ

HECTOR MANCEAUX, IMPRIMEUR-ÉDITEUR, MONS

III. — SCIENCES & INDUSTRIE

VENTILATION
DES MINES
ÉTUDES THÉORIQUES ET PRATIQUES

SUR LES LOIS QUI PRÉSIDENT AU MOUVEMENT ET A LA DISTRIBUTION DE L'AIR DANS LES TRAVAUX D'EXPLOITATION, SUR LES APPAREILS MÉCANIQUES DE VENTILATION DES MINES ET SUR LES AUTRES MOYENS DE CRÉER DES COURANTS SOUTERRAINS

PAR **A. DEVILLEZ**

Directeur de l'École provinciale d'industrie et des mines du Hainaut; Professeur de mécanique appliquée et de constructions civiles à cette école ; Ancien répétiteur à l'École centrale des arts et manufactures de Paris.

Beau volume in-8° de 500 pages. Prix : 12 fr.

CONSIDÉRATIONS
SUR LA PRODUCTION & L'EMPLOI
DE L'AIR COMPRIMÉ
DANS LES TRAVAUX D'EXPLOITATION DES MINES

PAR **F.-L. CORNET**

Ingénieur-directeur des travaux des charbonnages du Levant du Flénu à Cuesmes Correspondant de la classe des sciences de l'Académie royale de Belgique.

In-8° avec planche : 2,00

Pour recevoir ces ouvrages franco, envoyer le prix en un mandat-poste.

BASSIN HOUILLER DU COUCHANT DE MONS.

MÉMOIRE HISTORIQUE & DESCRIPTIF,

PAR GUSTAVE ARNOULD,

Ingénieur principal au corps des mines, Vice-président de l'Association des ingénieurs sortis de l'École de Liége.

Beau volume in-4°, avec de nombreuses planches, dont plusieurs coloriées.

Prix : 20 francs.

SOUS PRESSE :

COURS D'EXPLOITATION
DES MINES DE HOUILLE,

PAR CH. DEMANET,

Ingénieur des mines, Directeur de charbonnage.

2 magnifiques volumes in-8°, illustrés de 600 gravures sur bois exécutées par les artistes les plus en renom, tels que : Doms, Barbant, Morison, Vieweg et fils, Vermoreken, etc.

HECTOR MANCEAUX, IMPRIMEUR-ÉDITEUR, MONS.

DU TRANSPORT
MÉCANIQUE
DE LA HOUILLE

RAPPORT fait à l'Institut des ingénieurs des mines du Nord de l'Angleterre par la commission chargée de l'étude de la question

TRADUIT DE L'ANGLAIS, AVEC L'AUTORISATION DE L'INSTITUT

PAR MM. ALPHONSE BRIART ET JULIEN WEILER

Ingénieurs civils

Volume grand in-8°. Nombreuses grav. sur bois et planches lithographiées

PRIX : QUINZE FRANCS

MÉMOIRE SUR L'ORIGINE
ET LE DÉVELOPPEMENT DE L'INDUSTRIE HOUILLÈRE
DANS LE BASSIN DU CENTRE
(HAINAUT-BELGIQUE)

PAR JULES MONOYER

CANDIDAT NOTAIRE, MEMBRE DU CERCLE ARCHÉOLOGIQUE DE MONS

IN-8°, avec carte enluminée, prix : 2 fr. 50

TRAVAUX DES MINES

NOUVEAU GUIDE DES DIRECTEURS DE TRAVAUX, SOUS-DIRECTEURS CHEFS-PORIONS, PORIONS MARQUEURS, GALIBS, CHEFS DE PLACE, ETC., ETC.

Règlements sur la police générale, l'éclairage, le tirage à la poudre et sur la descente des Ouvriers dans les travaux souterrains

Nouvelle édition revue et augmentée

1 volume petit in-12 cartonné pleine toile. PRIX : 50 centimes

---

Pour recevoir ces ouvrages FRANCO, envoyer le prix en un mandat-poste.

HISTOIRE
DU CONGRÈS NATIONAL DE BELGIQUE,
PAR F. DEGIVE.

Un beau volume in-12 : 1 franc.

GUIDE
DE L'AMATEUR DE FLEURS

PLANTES DE SERRE FROIDE, D'APPARTEMENTS
DE JARDINS D'ÉTÉ

NOTIONS DE PHYSIOLOGIE VÉGÉTALE & DE PHYSIQUE HORTICOLE, CONSEILS POUR LA CONSTRUCTION DES SERRES

PAR P.-E. DE PUYDT

Président de la Société des sciences, des arts et des lettres du Hainaut Secrétaire de la Société d'horticulture de Mons

Nouvelle édition, revue et augmentée

Beau volume in-18. — Prix : 1 franc 50 centimes

LES PLANTES DE SERRE
TRAITÉ THÉORIQUE ET PRATIQUE DE LA CULTURE
DE TOUTES LES PLANTES
QUI DEMANDENT UN ABRI DANS LE CLIMAT DE LA BELGIQUE

PAR P.-E. DE PUYDT

Deux volumes in-18. — Prix : 6 francs

Pour recevoir ces ouvrages FRANCO, envoyer le prix en un mandat-poste.

www.ingramcontent.com/pod-product-compliance
Lightning Source LLC
LaVergne TN
LVHW012131170726
843501LV00008BC/3130